Sitzungsberichte
der Akademie der Wissenschaften
der DDR
Mathematik – Naturwissenschaften – Technik

Jahrgang 1981 · Nr. 13/N

Dagmar Hülsenberg

Vitrokeramik als Werkstoff in der Elektrotechnik/Elektronik

AKADEMIE-VERLAG · BERLIN
1981

Vortrag von Frau Prof. Dr.-Ing., Dr. oec. Dagmar Hülsenberg,
Technische Hochschule Ilmenau,
gehalten vor der Klasse Werkstofforschung
der AdW der DDR am 11. 9. 1980

Herausgegeben im Auftrage
des Präsidenten der Akademie
der Wissenschaften der DDR
von Vizepräsident Prof. Dr. Heinrich Scheel

ISSN 0138-3956
Erschienen im Akademie-Verlag, DDR-1080 Berlin, Leipziger Str. 3–4

Lizenznummer: 202 · 100/236/81
Gesamtherstellung: VEB Druckhaus Köthen
Bestellnummer: 762 991 4 (2010/81/13/N) · LSV 3385
Printed in GDR
DDR 3,50 M

1. Was ist Vitrokeramik?

Für dieselbe Werkstoffgruppe existieren international die unterschiedlichsten Begriffe, wie Vitrokeramik, Glaskeramik, Pyroceram, Sitall, Kryston usw., die durch weitere Handelsbezeichnungen für spezielle Vertreter dieser Werkstoffgruppe untersetzt sind. Solche Handelsbezeichnungen sind u. a. Ilmavit 40, Jena 2000, Marcor, Cervit, Hercuvit, Heatron, Zerodur, Fotoceram, Vk-B-MgO, L 75.

All diesen Vitrokeramik-Werkstoffen ist gemeinsam, daß sie anorganisch-nichtmetallischer Natur sind, daß sie wie ein Glas geschmolzen, geformt und in der Regel gekühlt werden und daß sich ein Kristallisationsprozeß anschließt, in dessen Ergebnis ein Werkstoff entsteht, der zwischen 50 bis 100% Kristallphase und als Rest Glasphase enthält. Damit wird eine keramikähnliche Struktur erzielt. Der Werkstoff hat jedoch keine Poren; die Kriställchen sind kaum größer als 1 μm und – was besonders wichtig ist und von großer Bedeutung für die erzielbare Konstanz der Eigenschaften – die Kristalle sind etwa gleich groß, von ähnlicher Form und homogen verteilt. Diese homogene Verteilung kommt bei den meisten Vitrokeramiken durch katalysierte Volumenkristallisation zustande [1]. Einen zusammenfassenden Überblick zum Mechanismus der Vitrokeramikbildung, zur Theorie der Phasentrennung, zur Wirkung der Keimbildner und zu technisch allgemein interessanten Vitrokeramiken gibt Hinz in [2], so daß an dieser Stelle auf eine detaillierte Darstellung der theoretischen Grundlagen verzichtet wird.

Technisch interessante Vitrokeramiken unterliegen fast ausschließlich der heterogenen, d. h. katalysierten Kristallisation, jedoch spielen für die Eigenschaften der aus unterkühlten Flüssigkeiten entstehenden Vitrokeramiken noch viele weitere Faktoren eine Rolle. Neben der chemischen Grundzusammensetzung, den Katalysatoren und sonstigen gewollten (und ungewollten) Zusätzen sind dies

- die bei der Schmelze erreichte Homogenität,
- die Aufheiz- und Abkühlungsgeschwindigkeiten,
- die für die Keimbildung und das Kristallwachstum für ein oder mehrere Kristallarten gewählten Temperaturen,
- die Haltezeiten bei diesen Temperaturen,

- der Oxidationszustand polyvalenter Elemente,
- die bei der Schmelze, Formgebung, Kühlung und Kristallisation wirkenden äußeren Felder.

Da jedes Glas prinzipiell in eine Vitrokeramik überführbar ist – es hängt nur vom erforderlichen technischen Aufwand ab –, und es differierende technologische Regimes gestatten, aus jedem Grundglas verschiedene Vitrokeramiken mit teilweise konträren Eigenschaften herzustellen, folgt daraus, daß die theoretisch mögliche Palette der Vitrokeramiken größer ist als die der Gläser. Die Praxis ihrer Nutzung steht jedoch noch weit am Anfang.

2. Technische Schemata der Vitrokeramikherstellung

Für den sich schrittweise erhöhenden Einsatz von Vitrokeramik spielen zwei wesentliche Faktoren eine ausschlaggebende Rolle:
- die Möglichkeit, neben extremen Eigenschaften auch ungewöhnliche Eigenschaftskombinationen zu erreichen, und

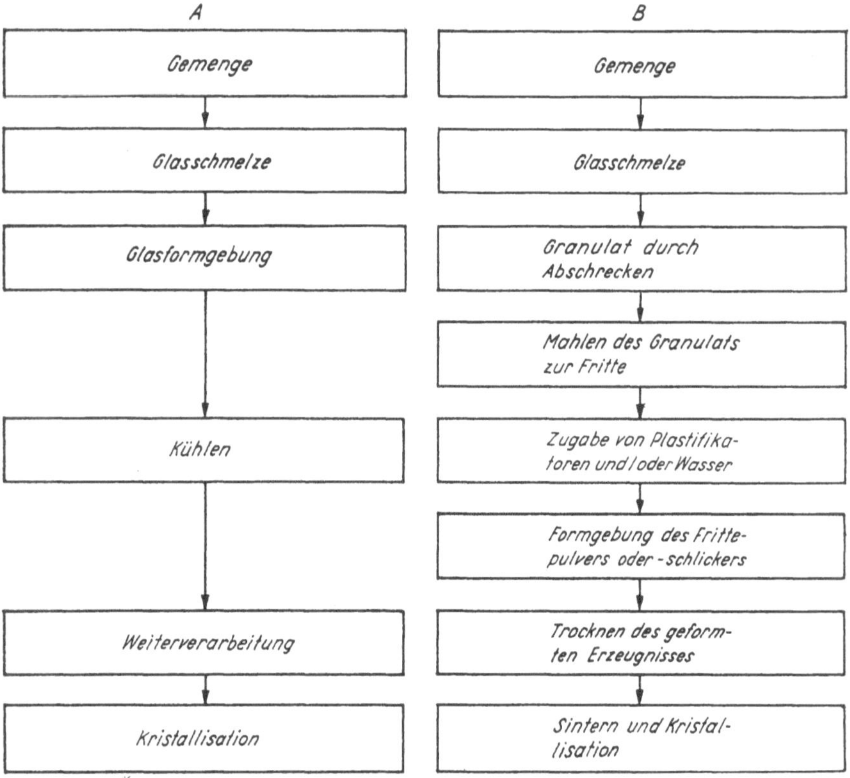

Abb. 1 Stammbäume für die Vitrokeramikherstellung

- die Variabilität der Herstellungstechnologien, die u.a. komplizierte Erzeugnisgeometrien, z.B. Folien, zulassen.

Für die Herstellung von Vitrokeramikprodukten sind zwei Stammbäume möglich, s. Abb. 1.

Stammbaum A enthält die Schritte:

- Gemengeherstellung unter Hinzugabe von Katalysatoren/Keimbildnern
- Schmelze
- Formgebung des noch glasigen Erzeugnisses
- Kühlen zur Entspannung
- so notwendig – Weiterverarbeitung durch Trennen, Umformen, Schleifen usw.
- ein- oder mehrstufige Kristallisation.

Dadurch, daß man die Möglichkeiten der Glasformgebung nutzt, kann man z.B. als Dielektrikum für Kondensatoren Vitrokeramikfolien herstellen, die aus einem Keramikwerkstoff kaum in der gleichen „Dünne" mit den gewünschten Oberflächeneigenschaften erzeugbar sind.

Der Stammbaum B ähnelt der in der Elektronik angewendeten Sinterglastechnologie und enthält Elemente der Keramikherstellung. Folgende Fertigungsschritte kennzeichnen diesen Stammbaum:

- Gemengeherstellung für das Ausgangsglas mit oder ohne Zugabe von Katalysatoren bzw. Keimbildnern
- Schmelze
- Granulierung durch Abschrecken
- Fritteherstellung durch Mahlen
- Zugabe von Plastifikatoren
- Formgebung durch Pressen, Sprühen, Siebdruck, isostatisch usw.
- Sinterung bei gleichzeitiger Kristallisation

Diese Technologie eignet sich insbesondere für die in der Elektronik ständig vorkommenden Werkstoffverbunde der unterschiedlichsten Art, die mit Keramikhalbzeugen ohne zusätzliche Hilfsmittel kaum realisierbar sind.

In Abhängigkeit vom gewünschten Erzeugnis bzw. dessen Eigenschaften, von der Anzahl und Menge der auszuscheidenden Kristallphasen sowie der Lage und Höhe der Maxima für die Keimbildungs- und Kristallwachstumsgeschwindigkeiten erfolgt die Kristallisation in einem oder in mehreren Temperschritten. Abbildung 2 zeigt den theoretischen Verlauf für den Fall, daß nur eine Kristallart entsteht und KB_{max} bei einer tieferen Temperatur als KG_{max} liegt. In der Praxis wird mit ein- bis dreistufiger Temperung gearbeitet.

Von der großen Anzahl der Möglichkeiten, die mineralogische Zusammensetzung von Vitrokeramiken nicht nur durch das Temperprogramm zu beeinflussen, sollen im folgenden zwei Fälle gezeigt werden:

- Das auf Abbildung 3 dargestellte Ausgangsmaterial entspricht chemisch dem Cordierit. Der Katalysator ist TiO_2. Die Temperung erfolgte einstufig bei 1050 °C. Die auftretenden Kristallarten sind ein Spodumen-Mischkristall

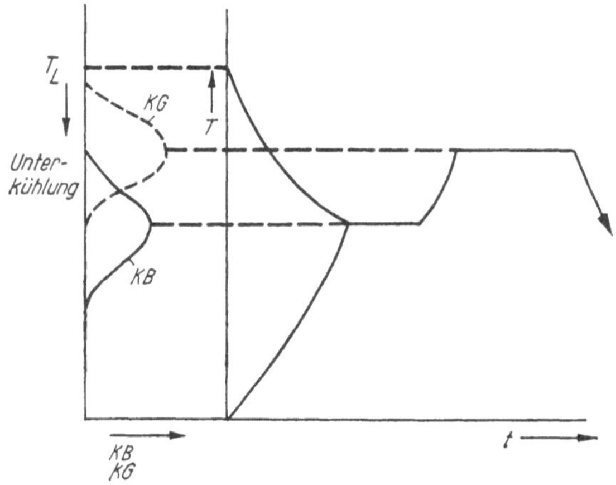

Abb. 2 Schema einer Temperatur-Zeit-Kurve bei zweistufiger Kristallisation

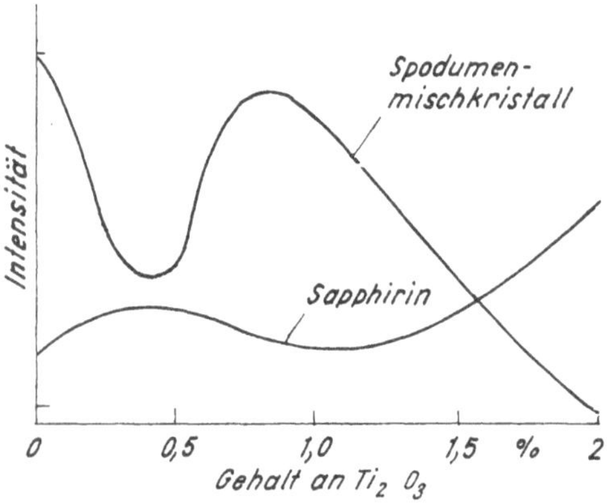

Abb. 3 Einfluß des Gehaltes an Ti^{3+} auf die Phasenzusammensetzung [1]

und Sapphirin. Während der Schmelze des Glases wurden unterschiedlich intensive, reduzierende Bedingungen erzeugt, so daß jeweils ein Teil des Ti^{4+} in Ti^{3+} umgewandelt ist. Die daraus resultierenden Strukturänderungen bewirken einen stark veränderten Einfluß des Katalysators, der sich in quantitativ unterschiedlichen Kristallisationen widerspiegelt.

- Tritt in einer Vitrokeramikzusammensetzung neben der gewünschten Katalysatorkomponente eine weitere Substanz auf, die ebenfalls katalysatorische Eigenschaften besitzt oder die Struktur der unterkühlten Schmelze erheblich beeinflußt, sind nicht nur quantitative, sondern vor allem qualitative Änderungen der ausgeschiedenen Kristallphasen zu erwarten. Es resultieren Vitrokeramiken mit völlig andersartigen Eigenschaften. Abbildung 4 zeigt ein

Beispiel solcher Art. Das Ausgangsglas hat wiederum Cordieritzusammensetzung. Der Katalysator ist TiO_2. Die Schmelze erfolgte oxidierend. Auf Bild a) enthält die Schmelze keine weiteren aktiven Stoffe, auf Bild b) 0,3% Cr_2O_3. Auf der Abszisse sind die verschiedenen Temperaturen für die einstufige Temperung aufgetragen. Man erkennt, daß die im Fall a) auftretenden Quarz- und Spinellkristalle im Fall b) nicht beobachtet werden. Statt dessen spielt hier wieder Sapphirin eine wesentliche Rolle.

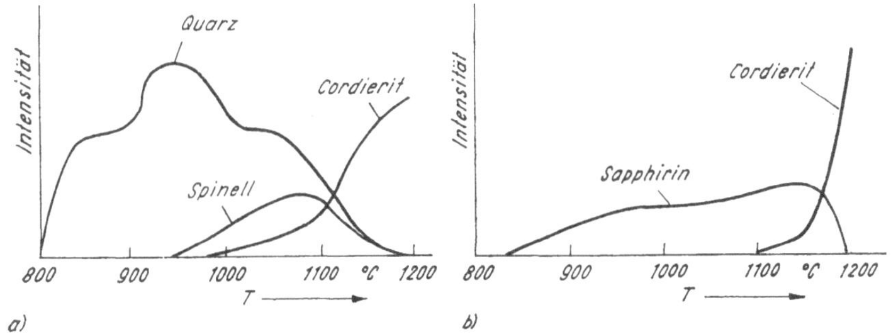

Abb. 4 Einfluß von Zusätzen auf die Kristallisation einer Cordierit-Vitrokeramik [1]
a) ohne b) mit 0,3% Cr_2O_3

3. Eigenschaften von Vitrokeramiken, die sie für die Elektrotechnik/Elektronik interessant machen

Wenn man die Technologie der Vitrokeramikherstellung beherrscht, ist es durch die Anwendung der katalysierten Kristallisation möglich,
- bei definiertem Verhältnis von Kristall- zu Glasphase und
- bei Kristallgrößen unter 1 μm eine
- extrem *gute Homogenität* der Werkstoffstruktur

zu erhalten, was Vitrokeramiken gegenüber den meisten üblichen Keramiken auszeichnet. Dadurch besitzen die Erzeugnisse auch im Mikrobereich lokal eindeutig definierte Eigenschaften, was die entscheidende Voraussetzung für die Anwendung vor allem in der Mikroelektronik ist.

Die katalysierte Kristallisation erlaubt es, die tatsächliche Kristallgröße in weiten Grenzen zu variieren, sie beliebig klein zu halten und durch die Führung des technologischen Prozesses gezielt einzustellen. Damit ist es einerseits möglich,
- je nach den auftretenden Kristall- und Glasphasen in den verschiedenen Wellenlängenbereichen unterschiedlich *transparente* Erzeugnisse zu erhalten, was bei Keramikprodukten immer mit hohem Aufwand verbunden ist. Andererseits

- sind die durch Polieren nach der Kristallisation erzielbaren *Oberflächenrauhigkeiten geringer* als bei Keramik bzw. die gleiche Oberflächengüte ist mit weniger Aufwand erreichbar - eine Eigenschaft, die besonders für Substrate interessant ist.
- Bei ähnlichem chemischem und mineralogischem Aufbau der Werkstoffe haben Vitrokeramiken mit feinsten Kriställchen in der Regel *geringere dielektrische Verluste* als die in der Mikrostruktur gröberen Keramiken. Durch die gezielte Kombination von Kristall- und Glasphase in Vitrokeramiken ist es somit möglich, z.B. Ferroelektrika mit hohem spezifischem elektrischem Widerstand und hoher Durchschlagsfestigkeit bei relativ niedriger Verlustleistung herzustellen.

Dadurch, daß sich die thermische Dehnung der Werkstoffe aus der Summe der Beiträge der Komponenten ergibt, hat man bei Vitrokeramiken die Möglichkeit, die thermische Dehnung in weitaus größeren Bereichen zu variieren als einerseits bei Gläsern und andererseits bei Keramiken. Zumindest im Labormaßstab existieren *für jeden spannungsfreien Werkstoffverbund die erforderlichen Vitrokeramiken.* Sie umfassen sowohl den Bereich der negativen thermischen Dehnung und greifen auch extrem weit in den positiven Bereich, s. Tab. 1.

Tabelle 1 Vitrokeramiken verschiedener thermischer Dehnung [1]

Chemische Zusammensetzung						Kristallphasen	α in 10^{-7} K^{-1}
SiO_2	Al_2O_3	Li_2O	TiO_2			Spodumen	−4,6
73,5	16,2	4,3	6,0				
SiO_2	Al_2O_3	Li_2O	TiO_2			Eukryptit	1,1
54,5	34,5	5,5	5,5				
SiO_2	Al_2O_3	MgO	TiO_2			Cordierit/Rutil	4,1
45,5	30,5	12,5	11,5				
SiO_2	Al_2O_3	MgO	TiO_2			Cordierit/Rutil	21,5
50,2	26,5	11,9	11,4				
SiO_2	B_2O_3	PbO	ZnO				50,0
19,0	14,0	17,0	50,0				
SiO_2	B_2O_3	PbO	ZnO	Al_2O_3	BaO		101,0
2,0	9,0	77,5	11,0	0,5	2,0		
SiO_2	Na_2O					Tridymit	117,0
85,5	14,5						
CdO	B_2O_3	In_2O_3	TiO_2			Kadmiumtitanat	129,0
30,0	35,0	5,0	15,0				
SiO_2	P_2O_5	PbO	ZnO	Li_2O	K_2O		145,0
59,2	2,7	14,0	13,1	9,0	2,0		
SiO_2	Al_2O_3	Na_2O	F^-			Tridymit	306,0
87,0	2,0	11,0	3,6				

Für alle Vitrokeramiken gilt, daß sie eine *höhere Festigkeit als ihre Ausgangsgläser* besitzen. Dabei erreichen sie Werte, die teilweise erheblich über denen von für die Mikroelektronik interessanten Keramiken liegen. Das erklärt sich aus den inneren Spannungen und der geringen Kristallgröße. Die Spannungen entstehen – wie bekannt – durch die unterschiedliche thermische Dehnung der Phasen. Ist die thermische Dehnung der Kristallphase größer als die der umgebenden Glasmatrix, steht letztere nach Abkühlung des Erzeugnisses unter Druckspannung. Das führt bei spröden Körpern zu einer Gesamtverfestigung des Werkstoffes. Dieser Effekt tritt bei entsprechend zusammengesetzten Vitrokeramiken immer auf, da aufgrund der geringen Kristallgröße die radiale Zugspannung in den Kristallen die Festigkeit der Grenzfläche Kristall/Matrix nicht übersteigt. Ist die thermische Dehnung der Glasphase größer als die der Kristalle, macht sich die geringe Kristallgröße ebenfalls positiv bemerkbar. Risse bei lokaler Überschreitung der Festigkeit haben die Möglichkeit, an den zahlreichen inneren Grenzflächen – analog mikroporöser Keramik – zu verlaufen. Auch hier gilt

$$\sigma \sim d^{-\frac{1}{2}}$$

Durch den strukturellen Aufbau wird auch gleichzeitig erreicht, daß – trotz fehlender Poren – die *Temperaturwechselbeständigkeit von Vitrokeramiken sehr hoch* ist.

Für den Einsatz von Vitrokeramik ist ein weiterer Aspekt interessant: Durch die Kristallisation und den hohen Anteil an Kristallphase fällt die häufig frühzeitige Erweichung der Restglasphase bei erhöhter Temperatur nur noch wenig ins Gewicht. Vitrokeramiken sind also bei weitaus *höheren Temperaturen einsetzbar* als ihre Ausgangsgläser. Der Hochtemperatureinsatz ist durch drei Dinge begrenzt,

- die obere Grenze für die Funktionsfähigkeit z. B. des Halbleiterbauelements, was mit der Vitrokeramik ursächlich nicht zusammenhängt,
- die Schmelztemperatur der Kristallphasen in der Vitrokeramik und
- die bei hohen Temperaturen u. U. noch möglichen Kristallumbildungen verschiedenster Art.

Praktisch erlaubt die gute Temperaturbeständigkeit, Vitrokeramiken nicht nur bei erhöhten Temperaturen einzusetzen, sondern auch *nacheinander verschiedene technologische Manipulationen bei gleich hohen oder gestaffelt höheren Temperaturen* vorzunehmen, z. B.

- Nacheinanderlöten mit dem gleichen kristallisierenden Lotglas, ohne daß die primäre Lötstelle wieder erweicht, und
- Dotierung von mit Vitrokeramik passivierten Si-Scheiben bei höheren Temperaturen als die Passivierung erfolgte.

Von großer Bedeutung für den Einsatz eines Werkstoffes in der Mikroelektronik ist seine Wärmeleitfähigkeit. Elektrische Systeme ohne Verlustleistung gibt es praktisch nicht. Also muß stets Wärme abgeführt werden. Grundsätzlich gilt, daß Kristalle eine höhere Wärmeleitfähigkeit als Gläser haben. Daraus erklärt sich auch die vergleichsweise hohe Wärmeleitfähigkeit von extrem reinem, völlig dichtem Korund – im Spezialfall dem Saphir. Diese Werte der Wärmeleitfähigkeit werden durch Vitrokeramiken bisher nicht erreicht. Jedoch liegen die *Wärmeleitfähigkeiten* für Vitrokeramik je nach Kristallart und Kristallisationsumfang etwa *doppelt so hoch* wie bei den Gläsern, s. Tab. 2.

Tabelle 2 Wärmeleitfähigkeiten bei 100 °C in $W \cdot m^{-1} \cdot K^{-1}$ [1]

Werkstoffgruppe	Werkstoff	λ
Glas	Kieselglas	2,01
	Rasotherm	1,67
	Fensterglas	1,46
Vitrokeramik	$Li_2O-ZnO-SiO_2$ (30% ZnO)	2,18
	$Li_2O-ZnO-SiO_2$ (5% ZnO)	2,80
	$Li_2O-ZnO-Al_2O_3-SiO_2$	2,93
	$Li_2O-Al_2O_3-SiO_2$ (20% Li_2O)	5,44
Keramik	Porzellan	1,37
	Mullitkeramik	1,86
	Spinell	15,07
	Korund	30,14
	Periklas	37,68
	BeO	219,81

Bezüglich der allgemein interessanten Eigenschaften von Vitrokeramiken ist außerdem zu sagen, daß sie *chemisch sehr beständig* und auch *abriebfest* sind.

Bei der sich anschließenden Behandlung spezieller Vitrokeramiken für die Elektrotechnik/Elektronik sollen zunächst die näher untersucht werden, die einen hohen spezifischen elektrischen Widerstand besitzen, also für Isolationsaufgaben verschiedenster Art benötigt werden, und im Anschluß daran geht es um Vitrokeramiken mit speziellen elektrischen und magnetischen Eigenschaften.

4. Vitrokeramiken mit hohem spezifischem elektrischem Widerstand

Dazu zählen sechs wichtige Einsatzgebiete, wobei von den betreffenden Vitrokeramiken her teilweise Überschneidungen vorliegen. Es sind dies als

- gewöhnliche Isolatoren
- Substrate
- Halbschalen für die Verkappung von Bauelementen
- Passivierungsaufgaben
- Einschmelz- und
- Lotverbindungen

Während für den Einsatz als Isolatoren im Hoch- und Niederspannungsbereich, als Substrat und in der Regel auch als Gehäusehalbschalen kompakte, bereits kristallisierte Vitrokeramiken Anwendung finden, wird für den Einsatz zur Passivierung, für Einschmelz- und Lotverbindungen und manchmal auch als Gehäusehalbschalen für Mehrschichtengehäuse die Pulvertechnologie mit einstufiger Kristallisation bevorzugt.

Eindeutig durchgesetzt haben sich die Vitrokeramiken für Einschmelz- und Lotverbindungen. Geteilt sind die Meinungen zu Vitrokeramiken als Isolatoren, Substrate und Gehäusehalbschalen. Wenig Äußerungen hört man bisher zu Vitrokeramiken für Passivierungsaufgaben, obwohl gerade hierfür die Vitrokeramiken höchst interessant sind.

4.1. Vitrokeramiken für Hoch- und Niederspannungsisolatoren

Es ist bekannt, daß bis zu Spannungen von 30 kV international Glasisolatoren denen aus Keramik Konkurrenz machen. Mit der Vitrokeramik tritt eine Werkstoffgruppe auf, die nochmals zu einer Entscheidung bezüglich des Werkstoffeinsatzes für einen Teil der Hoch- und Niederspannungsisolatoren herausfordern wird.

Neben den hier nicht näher zu erläuternden Vorteilen, die eine Glastechnologie für die Isolatorenherstellung mit sich bringt, sind für Vitrokeramikisolatoren mindestens zwei weitere Aspekte zu berücksichtigen:

- Wenn es bei der Kristallisation gelingt, in der entstehenden Kristallphase einen Teil der Alkalikationen und die polyvalenten Elemente zu konzentrieren, verarmt die verbleibende Glasmatrix an diesen Elementen. Ihr spe-

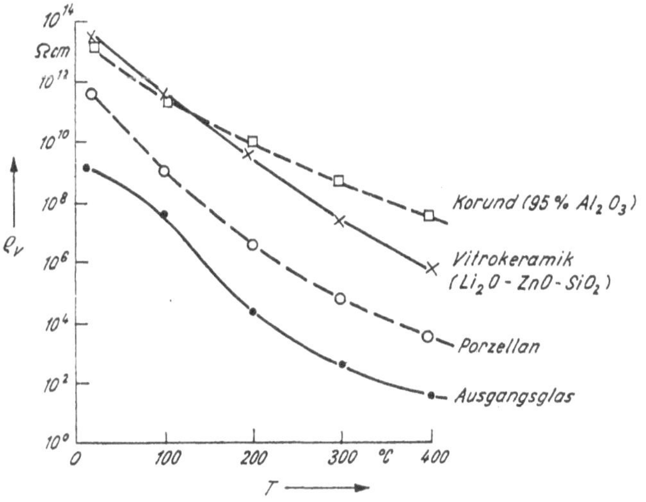

Abb. 5 $\varrho_V(T)$ für verschiedene Werkstoffe [1]

zifischer elektrischer Widerstand steigt und damit auch der Widerstand der Vitrokeramik im Vergleich zum Ausgangsglas. Für die Isolatoren sind damit geringere Bauhöhen erforderlich, was zu einer Verringerung des Isolatorengewichtes führt. Abbildung 5 zeigt für eine Vitrokeramik des Systems $Li_2O-ZnO-SiO_2$ den temperaturabhängigen spezifischen elektrischen Widerstand im Vergleich mit anderen Werkstoffen. Es ist eine gegenüber Porzellan verbesserte Isolierung möglich.

Da für die tatsächliche Isolierung parallel der Oberflächenwiderstand eine entscheidende Bedeutung besitzt und dieser mit der Oberflächengüte, d.h. der Sauberkeit der Oberflächen, in direktem Zusammenhang steht, erhebt sich die Frage, ob solche Oberflächen mit vertretbarem Aufwand auch bei Vitrokeramik erzielbar sind. Bereits Pawluschkin [1] hat sie eindeutig mit „ja“ beantwortet, wobei er darauf verweist, daß keine besonderen Glasuren erforderlich sind, was Vitrokeramikisolatoren vor solchen aus Porzellan auszeichnet.

In der DDR wurde unter entscheidender Mitwirkung der Technischen Hochschule Ilmenau eine Schleudertechnologie entwickelt, die es gestattet, bei der während der Formgebung kristallisierenden Vitrokeramik Ilmavit 40 eine Oberfläche zu erzielen, die voll der Funktion einer Glasur gerecht wird [3]. Entsprechende, an der Pilotanlage des Werkes für Technisches Glas Ilmenau hergestellte Isolatoren haben den Freileitungstest mit Erfolg absolviert. Die in dieser Vitrokeramik eigenschaftsbestimmende Kristallphase ist ein Glimmer, der dem Material gleichzeitig eine maschinelle Bearbeitbarkeit mit herkömmlichen Verfahren durch Drehen, Bohren, Fräsen usw. ermöglicht [4]. Das kann genutzt werden, um nachträglich am Isolator Vertiefungen, Bohrungen und Untergriffigkeiten anzubringen. Die Anwendung der Schleudertechnologie macht Ilmavit 40 besonders für Durchführungen geeignet. Aber auch Stützer, d.h. kompakte Erzeugnisse, lassen sich mit hoher Qualität produzieren.

- Der zweite Vorteil von Vitrokeramik als Isolator gegenüber Porzellan besteht darin, daß die potentielle Möglichkeit besteht, die Armierung bereits bei der Formgebung einzubringen. Die Voraussetzungen dafür bietet einerseits die Glasformgebung und zum anderen die hohe Variationsbreite der thermischen Dehnung von Vitrokeramiken. Je nach dem für die Armierung genutzten Werkstoff gibt es Vitrokeramiken mit passender thermischer Dehnung.

Von der Firma Corning Glass Works wird der mit dem Code 9658 versehene – ebenfalls maschinell bearbeitbare – Vitrokeramikwerkstoff Marcor insbesondere für Isolatoren empfohlen [5]. Die thermische Dehnung α beträgt $94 \cdot 10^{-7}\,K^{-1}$; bei 250°C ist der spezifische elektrische Widerstand ϱ noch $10^9\,\Omega\,cm$, d.h. wie bei Korund entsprechend Abb. 5; $\tan\delta$ hat den Wert $30 \cdot 10^{-4}$ und $\varepsilon \approx 5{,}9$.

Tabelle 3 zeigt für maschinell bearbeitbare Vitrokeramiken der Firma Corning eine Zusammenstellung wichtiger Eigenschaften, aus denen hervorgeht, daß diese glimmerhaltigen Vitrokeramiken grundsätzlich alle für die Isolatorenherstellung geeignet sind.

Tabelle 3 Eigenschaften maschinell bearbeitbarer Vitrokeramiken der Firma Corning Glass Works [5]

Eigenschaft	Dimension	9650	9652	9654	9656	9658
Biegefestigkeit	MPa	86	92	58	60	103
E-Modul	GPa	61	64		59	
Bearbeitbarkeit		63	14	5	6	5
α_{25-400}	$10^{-7}\,K^{-1}$	97		74	63	94
λ_{25}	$Wm^{-1}\,K^{-1}$	1,60	1,97		1,51	1,67
T-best. bis	°C	800	800	1000	800	1000
ϱ_{500}	Ω cm	$5 \cdot 10^{6}$	$2 \cdot 10^{11}$	$1 \cdot 10^{12}$	$6 \cdot 10^{10}$	$1 \cdot 10^{6}$
$\varepsilon_{25;\ 10\,kHz}$		6,06	5,56		5,69	5,9
tan δ	10^{-4}	32	21	10	6	30
Durchschlag-festigkeit	Vmm^{-1}	1800	2000	1100	2200	

4.2. Vitrokeramiken als Substrate

An Substrate werden je nachdem, ob sie für die Dünn- oder die Dickschichttechnik eingesetzt werden, etwas unterschiedliche Forderungen gestellt. Das betrifft insbesondere die Durchbiegung der Substrate und die Oberflächenrauhigkeit. Generell gilt,

- daß ε sehr klein sein soll, möglichst nicht größer als 6 oder 7,
- daß tan δ sehr gering sein muß. Es werden Werte um $5 \cdot 10^{-4}$ angestrebt,
- daß diese Werte auch im GHz-Bereich eingehalten werden,
- daß die elektrische Durchschlagfestigkeit hoch sein soll,
- daß α zwischen 60 und 70 . $10^{-7}\,K^{-1}$ liegt,
- daß die Wärmeleitfähigkeit hoch sein soll und
- daß die Oberflächenbearbeitbarkeit möglichst gut ist.

Dabei ist zu bemerken, daß es auch beim Einsatz von Glassubstraten für die Dünnschichttechnik bisher unumgänglich ist zu polieren. Von der DDR-Industrie werden für die Dünnschichttechnik Oberflächenrauhigkeiten $\leq 0{,}1\ \mu m$, für die Dickschichttechnik $\leq 1\ \mu m$ gefordert.

Als aussichtsreich für den Einsatz als Substrate haben sich vor allem Vitrokeramiken im System $MgO-Al_2O_3-SiO_2-TiO_2$ erwiesen, deren Zusammensetzung so gewählt und die Schmelze und Temperung so durchgeführt werden, daß im Endprodukt ausschließlich die Kristallphasen Sapphirin, Cordierit und Rutil bei geringem Anteil an Restglasphase vorliegen. Dabei soll der Rutilgehalt weitgehend unterdrückt werden, da Rutil für hohe Werte von ε und tan δ verantwortlich ist. Da TiO_2 als Kristallisationskatalysator benötigt wird, ist es jedoch gegenwärtig nicht möglich, auf TiO_2 völlig zu verzichten.

Cordieritsubstrate werden in der UdSSR industriemäßig hergestellt. Es sind dies die Vitrokeramiken ST 50-1 und ST 50-2.

Zur Möglichkeit des Erreichens der geforderten ε- und tan δ-Werte ist folgendes zu sagen: Cordierit allein läßt ε-Werte um 7 erwarten, ebenso Sapphirin; die ε-Werte der Glasphase im System $MgO-Al_2O_3-SiO_2$ liegen in derselben Größenordnung. Genügend kleine tan δ-Werte können durch die feinkristalline Struktur bei Abwesenheit von Alkalien und polyvalenten Elementen ebenfalls garantiert werden. Das Problem besteht demnach in erster Linie darin, die Wirkung des TiO_2 auf die genannten Eigenschaften zu unterdrücken.

Wichtig ist hierfür zunächst, durch oxidierende Schmelz- und Verarbeitungsbedingungen auf jeden Fall das Auftreten von Ti^{3+} zu vermeiden. Außerdem ist bekannt, daß die Einlagerung geringer Mengen der Übergangselemente in Rutilkristalle, z.B. von Cr, deren dielektrische Verluste durch Verringerung der Leitfähigkeit senkt. Aufbauend darauf, ist es Zuewa [6] schon 1969 gelungen, Cordieritvitrokeramiken mit geringen Zusätzen an Übergangselementen herzustellen, die die Forderungen der Substrate an α, tan δ und ε voll erfüllen.

Ausgehend von einem Glas, bestehend aus 42,8% SiO_2, 31,8% Al_2O_3, 12,4% MgO und 13,0% TiO_2, wurden durch Ni- und V-Zugabe bei 900°C Tempertemperatur die in den Abb. 6 und 7 gezeigten Ergebnisse erzielt.

Abbildung 6 zeigt den Frequenzgang der Werte von ε und tan δ bei Zugabe von 0,025 g-Kat. Ni. Bei 10^5 Hz wird tan $\delta \approx 5 \cdot 10^{-4}$ und $\varepsilon \approx 7$ erreicht.

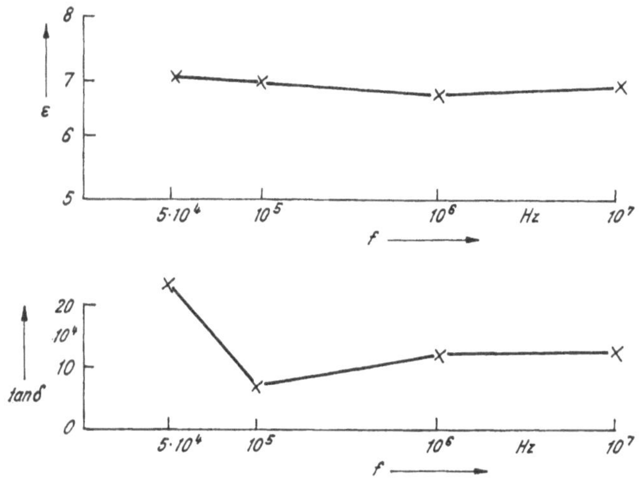

Abb. 6 Dielektrische Eigenschaften von mit 0,025 g-Kat. Ni dotierter Cordieritvitrokeramik [6] (an der Ordinate lies 10^{-4} statt 10^4)

α weist den Wert $54 \cdot 10^{-7}$ K^{-1} auf. Abbildung 7 zeigt, daß sich eine V-Zugabe von 0,025 g-Kat. nicht so positiv auf tan δ auswirkt. Bei 10^5 Hz wird nur ein tan δ von $\approx 25 \cdot 10^{-4}$ erreicht. ε liegt bei 7 und ist relativ frequenzstabil, was auch für die Zugabe von Ni gilt. Die Temperung bei 900 °C führt zu einem α-Wert von $63 \cdot 10^{-7}$ K^{-1}; ist also mit Korund etwa deckungsgleich.

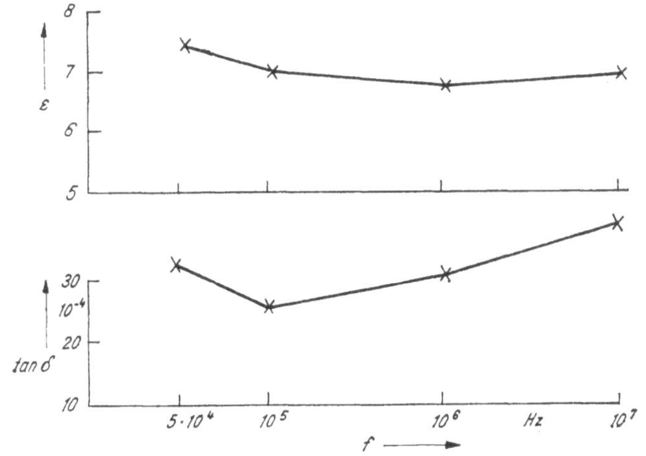

Abb. 7 Dielektrische Eigenschaften von mit 0,025 g-Kat. V dotierter Cordieritvitrokeramik [6]

Eine Erhöhung der Kristallisationstemperatur über 900 °C führt zu einem Anwachsen von tan δ, was mit dem verstärkten Auftreten einer eigenständigen Rutilphase und damit einer Verschlechterung der dielektrischen Eigenschaften engstens zusammenhängt.

Wenn man die dielektrischen Verluste von Vitrokeramiken beurteilt, ist zu bemerken, daß man außer den vier üblichen Anteilen noch

- Verluste durch Kontakterscheinungen an Phasengrenzflächen und
- Relaxationsverluste in den verschiedenen Strukturbereichen, d.h. Ionen- und Elektronendefekte,

berücksichtigen muß.

Für den Fall, daß nicht gerade – wie im vorhergegangenen Beispiel – eine Kristallphase zu hohen dielektrischen Verlusten führt, sind häufig Alkaligehalte in der Restglasphase Ursache für hohe tan δ-Werte. Der Anteil an Restglasphase sollte also weitgehend minimiert werden.

Für Substrate eignen sich u.U. auch Vitrokeramiken im System Li_2O—Al_2O_3—SiO_2—TiO_2, die sich durch besonders niedrige ε-Werte zwischen 5,8 bis 6,5 auszeichnen. tan δ liegt jedoch höher als für Cordieritvitrokeramik, s. Abb. 8. Wiederum ist zu verzeichnen, daß sich – analog zum spezifischen elektrischen Widerstand – die Verluste in der Vitrokeramik gegenüber denen des Ausgangsglases erheblich verringern. Vor allen Dingen erhöhen sie sich bei steigender Temperatur nicht so extrem wie beim Ausgangsglas.

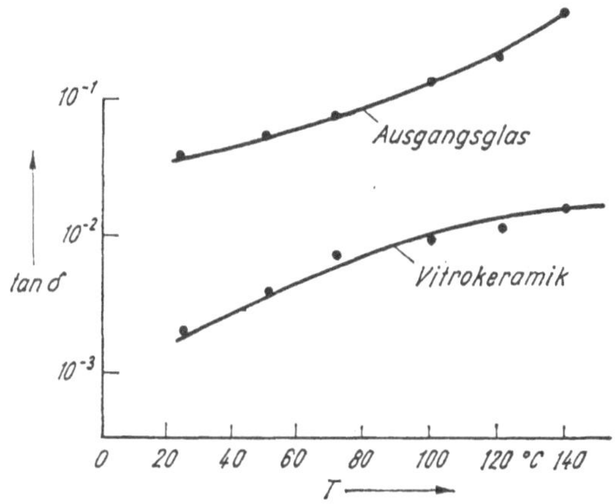

Abb. 8 Verlustwinkel einer gegebenen Werkstoffzusammensetzung im System $Li_2O-Al_2O_3-SiO_2-TiO_2$ bei 1 MHz [1]

Bezüglich ε und tan δ sind für Vitrokeramiksubstrate weiterhin interessant:

- das System $BaO-Al_2O_3-SiO_2-TiO_2$ mit bisher niedrigstem tan $\delta = 4 \cdot 10^{-4}$ und $\varepsilon \approx 7$ sowie
- das System $SrO-Al_2O_3-SiO_2-TiO_2$ mit bisher niedrigstem tan $\delta = 3 \cdot 10^{-4}$ und $\varepsilon \approx 7{,}5$.

Damit werden die Daten für Kieselglas und Korund bezüglich tan δ erreicht. Eine für den GHz-Bereich potentiell sehr interessante Vitrokeramik beschreiben Partridge und Phillips [7]. Sie liegt im System $ZnO-Al_2O_3-SiO_2$. Aufgrund ihrer extrem hohen Kristallisationsneigung ist sie jedoch bisher nur im Schleudergießverfahren als glasiges Zwischenprodukt erhältlich. Der technologischen Forschung zur Anwendung als Substrat eröffnet sich hier ein dankbares Aufgabengebiet, denn diese Vitrokeramik besitzt nicht nur bei Raumtemperatur elektrisch interessante Kenndaten, sie sind auch bis zu 400 °C im Vergleich zu anderen Werkstoffen nahezu unverändert, s. Abbildung 9.

Eine kurze Bemerkung noch zu den sog. Fotovitrokeramiken, denen man lange Zeit eine große Bedeutung als Substratwerkstoff vorausgesagt hat. Durch UV-Bestrahlung und anschließende stufenweise Temperung sowie spätere Auslaugung der Kristallphase ist es möglich, in entsprechend dotierte Vitrokeramik extrem feine Durchbrüche, d.h. Löcher, bei großer Dichte derselben einzubringen. Man erhoffte sich Vorteile bei der Durchkontaktierung insbesondere bei Mehrlagenschaltkreisen. Die Elektroniktechnologie ist jedoch andere Wege gegangen, so daß die Bedeutung von Fotovitrokeramik gegenwärtig nicht so hoch wie ursprünglich erwartet ist.

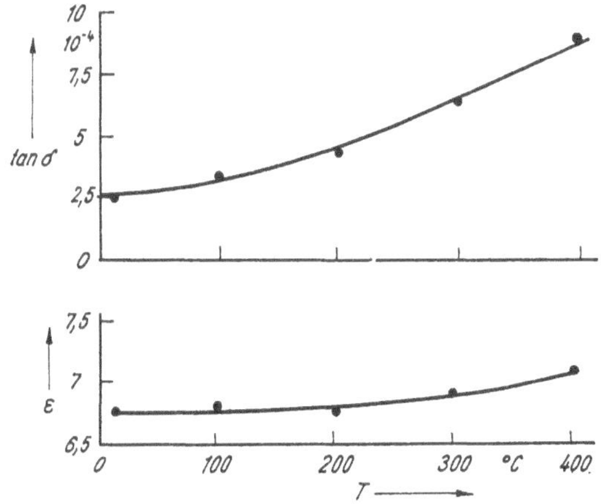

Abb. 9 Dielektrische Eigenschaften einer Vitrokeramik im System $ZnO-SiO_2-Al_2O_3$ bei 10^{10} Hz [7]

Im Zusammenhang mit dem Einsatz von Vitrokeramik als Substrat sei ein weiterer Gedanke gestattet. Es wird u.a. erwogen, statt Korund emaillierte Stahlsubstrate einzusetzen. Aufgrund der hohen thermischen Dehnung des Stahls stellt das passende Email, d.h. eine Glasfritte, ein Problem dar. Es konnte jedoch gezeigt werden, daß alkalifreie Gläser vorrangig im System $PbO-ZnO-B_2O_3$, s.a. Beispiel 6 auf Tab. 1, zu Vitrokeramiken kristallisieren, deren Ausdehnungskoeffizient sich Stahl anpassen läßt. Die hohe Durchschlagfestigkeit ist auf jeden Fall gewährleistet. Zu klären sind Fragen bezüglich Dielektrizitätskonstante, Red/Ox-Beständigkeit und Oberflächenbeschaffenheit.

Sehr optimistisch bezüglich des Auftragens von Vitrokeramiküberzügen auf metallische Substrate äußern sich Partridge und Phillips [7]. Für einen Weichstahl haben sie im System $Li_2O-Al_2O_3-SiO_2$ eine zunächst glasige Fritte entwickelt, die nach dem Auftrag auf das Substrat als Suspension durch Sprühen oder Tauchen während des Sinterprozesses kristallisiert. Die Deckschicht steht unter geringfügigen Druckspannungen. Wenn auch diese Entwicklungen in erster Linie für den chemischen Apparatebau durchgeführt wurden, so erfolgen durch dieselben Verfasser Hinweise, daß Cu-Substrate für die Mikroelektronik ebenfalls Vitrokeramikdeckschichten erhalten. Die Hauptanwendung solcher Substrate liegt auf dem Gebiet der Mehrschichtenschaltkreise, wo dünne Vitrokeramikschichten die elektrische Isolation zwischen den Leiterbahnen und dem Cu-Substrat bewirken. Es wurden Zusammensetzungen gefunden, die bei Einhaltung der geforderten elektrischen Parameter die Anpassung der thermischen Ausdehnungskoeffizienten gestatten. Das ist hier besonders aus folgendem Grund wichtig. Jede Ausdehnungsdifferenz führt nicht nur schlechthin zu Spannungen, sondern das Cu-Substrat reagiert durch Verwölbungen. Diese sind für das Aufbringen der Leiterbahnen durch Siebdrucktechnik absolut unzulässig.

Die Technik des Aufbringens von Vitrokeramikdeckschichten auf Metallsubstrate berührt gleichzeitig Fragen der Verkappung von mikroelektronischen Bauelementen.

4.3. Vitrokeramik als Halbschalen und für die Verkappung von elektronischen Bauelementen

Hierfür kommt fast ausschließlich die sog. Pulvertechnologie in Frage, d.h. eine zunächst glasige Fritte wird nach entsprechender Formgebung während der Sinterung einstufig kristallisiert.

Häufig werden Formgebung und Sinterung durch Anwendung des *Heißpressens* gemeinsam durchgeführt, eine Technologie, die insbesondere bei Mehrschichtengehäusen das Verfahren der Zukunft sein könnte. Andererseits erlaubt natürlich die Temperaturbeständigkeit der Vitrokeramiken – wie bereits erwähnt – das *sukzessive Auftragen, Sintern und gleichzeitige Kristallisieren* verschiedenster Schichten.

Bei den Anwendungsbeispielen soll zunächst noch einmal die Werkstoffkombination Cu-Vitrokeramik erwähnt werden [7]. Durch eine Vitrokeramikbedeckung mit $\varepsilon \approx 6$ auf einer Kupferplatte entstehen isolierte Kupferinseln, auf die z.B. Si-Chips montiert werden können. Nach Beendigung der dafür erforderlichen verschiedenen Arbeitsgänge kann eine weitere Vitrokeramikschicht zunächst als Fritte aufgebracht werden, so daß letztlich der gesamte Chip gekapselt ist. Da sich nicht nur Kupfer, sondern auch die in sehr dünner Schicht aufgetragene Vitrokeramik maschinell trennen läßt, kann man die Verkappungstechnologie so gestalten, daß ganze Chipserien auf einer Platte untergebracht werden, die anschließend zu trennen sind. Neben den guten Isolations- und Festigkeitseigenschaften von Vitrokeramik führt die Cu-Unterlage zu einer hervorragenden Wärmeableitung. Die Technik wird vor allem für Schaltkreise im Mikrowellenbereich genutzt.

Aber auch ohne wärmeableitende Metallunterlage können Vitrokeramiken für Gehäusehalbschalen oder Verkappungen von elektronischen Bauelementen und Leiterbahnen genutzt werden. Die Basis dafür ist ebenfalls eine Glasfritte,
- die gepreßt oder gespritzt wird,
- die sich im getrockneten Zustand zum Anbringen von Durchbrüchen oder Aussparungen nachbearbeiten läßt und
- die bei der folgenden Sinterung kristallisiert.

Selbstverständlich hat auch hier das Heißpressen eine große Bedeutung.

Die Corning Glass Works [5] empfehlen hierfür folgende Anwendungen:

- Deckscheiben für Bauelemente mit verschiedenen Durchbrüchen, kegeligen Vertiefungen und Ansätzen für weitere Einzelteile
- Zwischenlagen für elektrische und mechanische Vereinzelung und Isolation
- hermetische Behälter jeglicher Art für elektronische Baugruppen
- dünnwandige Gehäuse mit zylindrischen Aussparungen für Hybridbausteine
- Tragschichten für Gasentladungsdisplays.

Aufgrund der Herstellungstechnologie sind auch Großgehäuse und vor allem der Einsatz für Mehrlagengehäuse möglich.

Prinzipiell kommen für die Anwendung in Gehäusen dieselben Vitrokeramiken wie bei den Substraten in Frage.

Erweitert wird die Palette durch Vitrokeramiken, in denen Celsian, $BaO \cdot Al_2O_3 \cdot 2\,SiO_2$, kristallisiert. Broukal [8] fand, daß im System 27,0% SiO_2, 13,0% Al_2O_3, 6,2% BaO, 31,0% PbO, 9,3% ZnO, 13,5% TiO_2 die optimale Kristallisationstemperatur bei 850 bis 880°C liegt. Die entstandene Vitrokeramik weist $\alpha = 49{,}3 \cdot 10^{-7}\,K^{-1}$ und $\tan\delta \approx 8 \cdot 10^{-4}$ auf.

Bei einer Verkappung steht aber noch häufig die Forderung, daß bestimmte Bezirke des Bauelements für definierte elektromagnetische Wellenlängen durchlässig sein sollen, z.B. für IR-Strahlung oder für UV-Strahlung beispielsweise bei UV-löschbaren EPROMs.

IR-durchlässige Vitrokeramiken erhält man im System $CaO-Al_2O_3$. Die Kristalle dürfen 1 µm auf keinen Fall überschreiten. Tab. 4 zeigt die Zusammensetzung entsprechender Werkstoffe. Sie sind zwischen $\lambda = 1{,}75$ bis 6 µm durchlässig. Das Maximum mit 85% befindet sich zwischen 3,75 bis 4,75 µm. Die Hauptanwendung für IR-durchlässige Vitrokeramikgehäuse liegt im Brennerbau, in der Lichttechnik und zunehmend in der IR-Optik.

Tabelle 4 Zusammensetzung IR-durchlässiger Vitrokeramiken [1]

Oxid	VK 1	VK 2
CaO	31,04	40,74
Al_2O_3	49,92	33,95
Na_2O	3,96	5,09
K_2O	2,01	1,70
MgO	1,38	2,72
BaO	5,23	2,72
TiO_2	1,36	–
ZrO_2	2,09	–
Fe_2O_3	2,70	6,79
Cu_2O	0,30	1,53
La_2O_3	–	1,36
SiO_2	–	3,40

4.4. *Vitrokeramik für Passivierungsaufgaben*

Als Forderung stehen höchste Durchschlagfestigkeit bei niedrigster Verlustleistung, d.h. der Alkaligehalt muß extrem klein, nämlich unter $10^{-3}\%_0$, liegen. Das Passivierungsmaterial muß in der thermischen Dehnung und dem Erweichungsverhalten dem Einsatzgebiet angepaßt sein. So steht für Passivierungsmaterial

- für MOS-IC die Forderung nach $\alpha = 98 \cdot 10^{-7}\,K^{-1}$ und 500 °C Einschmelztemperatur,
- für Dioden dagegen nach $\alpha = 45 \cdot 10^{-7}\,K^{-1}$ und 710 °C Einschmelztemperatur.

In einem Fall soll das Vormaterial als Glasfaden vorliegen, im anderen Fall als Fritte mit $<10\,\mu m$ Korndurchmesser. Auch wenn in der Praxis meist von Passivierungsgläsern gesprochen wird, handelt es sich doch in der Regel um Werkstoffe, die während der Sinterung mehr oder weniger kristallisieren.

PAWLUSCHKIN [1] gibt für die Passivierung von Dioden die aus Tabelle 5 ersichtliche Vitrokeramikzusammensetzung an. Es ist deutlich ersichtlich, daß die vollständige Kristallisation bei höheren Temperaturen erfolgt als das Ein-

Tabelle 5 Vitrokeramik für die Passivierung von Dioden [1]

Position	Dimension	Zahlenwert
PbO	%	16–18
B_2O_3	%	12–15
ZnO	%	48–52
SiO_2	%	18–20
α	$10^{-7}\,K^{-1}$	50
$T_{Erw.}$	°C	600–700
$T_{Krist.}$	°C	675–750
t_{Halt}	h	1

schmelzen, so daß im passivierten Endprodukt unter Zugrundelegung gegenwärtig üblicher Technologien nur ungenügend kristallisierte Passivierungsschichten vorliegen. Damit wird ein erheblicher Teil des möglichen Isolationswertes verschenkt, und auch die dielektrischen Verluste sind höher als unbedingt nötig. Neben der Einräumung der Zeit für eine vollständige Kristallisation hat auch die Abkühlgeschwindigkeit einen Einfluß auf die erreichbaren Durchschlagfestigkeiten.

Eine interessante Lösung für die Passivierung der Si-Chips selbst durch Vitrokeramiken wurde im System $BaO-ZnO-Al_2O_3-SiO_2$ gefunden. Die Vitrokeramikpassivierungsschichten haben hierbei die Aufgabe, das Si-Chip vor Na^+-Ionen und vor mechanischer Beschädigung bei der Montage zu schützen, Isolierungen der Kreuzungen von Leiterbahnen herbeizuführen und zu hermetisieren. Durch Nutzung von Vitrokeramik erreicht man eine Erhöhung der Durchschlagspannung, eine Verringerung der Verlustleistung und eine Erhöhung der Strahlungsbeständigkeit. Die Kristallisation findet bei $<1150\,^{\circ}C$ statt. Das ermöglicht die Dotierung der Chips bei den üblichen Temperaturen nach bereits erfolgter Passivierung. Die Passivierungsschicht erweicht aufgrund ihres kristallinen Zustands dabei nicht, so daß die Si-Inseln ihre Position zueinander nicht verändern.

Tab. 6 zeigt die Eigenschaften der im System $ZnO-BaO-Al_2O_3-SiO_2$ entwickelten Vitrokeramik für die Passivierung von Si-Chips. Sie enthält als Kristallphasen vor allem Celsian und Willemit.

Tabelle 6 Eigenschaften einer Vitrokeramik im System $ZnO-BaO-Al_2O_3-SiO_2$ für die Passivierung von Si-Chips

Eigenschaft	Dimension	Zahl
α_{20-700}	10^{-7} K^{-1}	35 ± 2
$\tan \delta_{10^{10}\,\mathrm{Hz}}$	10^{-4}	22
ϱ_{200}	Ω cm	10^{11}
$T_{\mathrm{verschm.}}$	°C	1150
t_{Halt}	min	45

Einen völlig anderen Weg zur Entwicklung von Vitrokeramiken, die für die Passivierung durchaus geeignet erscheinen, gehen WUSIRIKA und CHYUNG [9]. Sie arbeiten im System $SiO_2-Si_3N_4-Al_2O_3$ und nutzen den hohen spezifischen elektrischen Widerstand des Si_3N_4 und von Oxinitridphasen aus. In den primären Glasschmelzen, die keine Alkalikationen und vielfach noch nicht einmal Erdalkalien enthalten, vertritt der Stickstoff den Sauerstoff auf den Tetraederplätzen. Die Kristallisation erfolgt homogen, so daß von der elektrischen Seite her beste Voraussetzungen für die Anwendung in der Passivierungstechnik bestehen. Die Kristallisation findet je nach Zusammensetzung zwischen 800–1400 °C statt.

Werden Vitrokeramiken für die Passivierung von Diodendurchführungen eingesetzt, erfüllen sie gleichzeitig die Funktion eines Einschmelzmaterials.

4.5. Vitrokeramiken für Einschmelzverbindungen

Meist geht es darum, Metalleiter durch Gehäuse unterschiedlichster Art, d. h. aus Metall, Keramik oder auch aus Glas, hindurchzuführen, wobei eine eindeutige Positionierung, Vakuumdichtheit und elektrische Isolation gefordert werden. Es müssen also wieder Werkstoffe zum Einsatz kommen, die einen hohen spezifischen elektrischen Widerstand besitzen, deren thermische Dehnung den zu fügenden Teilen angepaßt ist und deren Einschmelztemperatur unter der Curie-Temperatur der Metalle liegt.

Es ist bekannt, daß es eine große Palette von Gläsern, die sog. Einschmelzgläser, gibt, die diese Forderungen erfüllen. Der mögliche Bereich der thermischen Dehnung liegt zwischen $5 \ldots 100 \cdot 10^{-7}\,K^{-1}$. Die Einschmelztemperaturen sind in breiten Grenzen variabel.

Warum werden nun Vitrokeramiken für diese Aufgabe vorgeschlagen? PAWLUSCHKIN [1] begründet das gegenüber Glas mit

- geringeren dielektrischen Verlusten
- höherer Durchschlagfestigkeit
- besserer Temperaturstabilität
- noch größerer Variationsbreite für den thermischen Ausdehnungskoeffizienten
- besserer chemischer Beständigkeit
- Gasundurchlässigkeit
- höherer mechanischer Festigkeit
- höherer Temperaturwechselbeständigkeit.

Mit Vitrokeramiken wird es auch möglich, Metalle einzuschmelzen, die früher völlig ausschieden, wie

- Cu; die entsprechenden Vitrokeramiken haben sehr geringe dielektrische Verluste, s.a. [7];
- Al und
- kohlenstoffarme Stähle. Die entsprechenden Vitrokeramiken besitzen eine hohe Durchschlagfestigkeit, so daß die Verbindung bestens für die Armierung von Hochspannungsisolatoren geeignet ist.

Damit können Kupfer und Stahl jetzt in breiterem Umfang als Leitermaterial in der Elektrotechnik/Elektronik an Stellen eingesetzt werden, wo bisher W, Mo oder gar Pt erforderlich waren.

Die für den Einschmelzvorgang geeigneten Vitrokeramiken umfassen einen weiten Zusammensetzungsbereich. Für das Einschmelzen von Mo, W, ZrO_2, Elektroporzellan usw. eignen sich Vitrokeramiken, wie sie bereits für die Passivierung von Dioden auf Tab. 5 gezeigt wurden. Die Zusammensetzungsbreite läßt eine Toleranz für $\alpha = 30 \ldots 50 \cdot 10^{-7}\,K^{-1}$ zu. Sie kristallisieren bei etwa 700 °C.

Werden Vitrokeramiken auf Cordierit-Basis für das Einschmelzen benutzt, ist es günstig, als Katalysator statt TiO_2 besser Cr_2O_3 zu nehmen. Die Ursache liegt darin, daß bei den neutralen oder reduzierenden Bedingungen, die beim Einschmelzen von W oder Mo herrschen, Ti^{3+} entstehen würde, das die Isolierwirkung aufhebt. Aus gleichem Grunde können für W und Mo auch keine PbO-haltigen Vitrokeramiken zum Einschmelzen eingesetzt werden.

Auf der Basis des Systems $Li_2O-Al_2O_3-SiO_2$ haben PARTRIDGE und PHILLIPS [7] eine Vitrokeramik mit $\alpha \approx 100 \cdot 10^{-7}\,K^{-1}$ entwickelt, deren thermische Dehnung genau einem 17%igen Chromeisen entspricht. Anwendung findet diese Verbindung besonders für Vakuumunterbrecher. Die Technologie ist so gestaltet, daß das ursprünglich mit dem Metall zu fügende Keramikteil direkt durch Vitrokeramik ersetzt wird, wobei das Einschmelzen – bei der neuen Technologie ein Verschmelzen – noch im Glaszustand vorgenommen wird. Die Teile sind völlig spannungsfrei und technologisch leichter herstellbar als mit Keramik und Glaseinschmelzung.

Zu den Vitrokeramiken, die als Einschmelzmaterial Verwendung finden, gehören natürlich auch solche, die PbO enthalten. Sie stellen aber aufgrund ihrer relativ niedrigen Erweichungstemperaturen bereits den Übergang zu den Lotgläsern dar, so daß sie in diesem Zusammenhang behandelt werden.

4.6. Kristallisierende Lotgläser

Da für Lotgläser niedrige Verschließtemperaturen gewünscht werden, die in der Regel zwischen 350 und 500 °C liegen, handelt es sich um niedrigviskose Glassysteme, die folglich leicht zur Kristallisation neigen. Die Kristallisation erfolgt in der Regel gemeinsam mit dem Lötprozeß. Die von den Corning Glass Works [5] im Angebot befindlichen Lotgläser 7570, 7572, 7574, 7575, 7578, 7583 kristallisieren bis auf Code 7570 alle während des Lötens. Die Lotgläser basieren auf dem Grundsystem $PbO-ZnO-B_2O_3$. Das erklärt ihre hohe Dichte, ihre hohe thermische Dehnung meist zwischen $80 \ldots 105 \cdot 10^{-7}\ K^{-1}$, ihren hohen spezifischen elektrischen Widerstand und leider auch ihre relativ hohe Dielektrizitätskonstante zwischen 12 bis 16.

In der Praxis wird das Grundsystem vor allem durch SiO_2, Al_2O_3, BaO, Fe_2O_3 und CdO modifiziert. Um die thermische Dehnung zu verringern, werden oft Inertstoffe, z.B. $ZrSiO_4$, mit geringer thermischer Dehnung zugegeben.

Da es dem Anwender der kristallisierenden Lotgläser in erster Linie auf das Erreichen eines bestimmten technischen Zustandes an der Fügestelle ankommt, wird der ordnungsgemäßen Auskristallisation, die eigentlich erst die hervorragenden Eigenschaften der Vitrokeramik-Lotverbindung bewirkt, zu wenig Aufmerksamkeit geschenkt. Vielfach ist noch nicht einmal bekannt, welcher Kristallisationszustand überhaupt erreicht werden soll, so daß man auch das technologische Regime nicht entsprechend einrichten kann.

Ishiyama u.a. [10] haben ohne zusätzliche Komponenten das in Tabelle 7 vorgestellte, kristallisierende Lotglas hergestellt. Bei einer sehr niedrigen Verschließtemperatur von 355 °C besitzt es ein $\alpha = 117 \cdot 10^{-7}\ K^{-1}$.

Tabelle 7 Kristallisierendes Lotglas [10]

Position	Dimension	Zahlenwert
PbO	%	83,97
B_2O_3	%	8,98
ZnO	%	7,05
α	$10^{-7}\ K^{-1}$	117
$T_{Erw.}$	°C	334
$T_{Verschl.}$	°C	355

Aber auch für höhere Löt- bzw. Einschmelztemperaturen stehen PbO-haltige Vitrokeramiksysteme zur Verfügung, deren thermische Dehnung durch die Zusammensetzungsbreite in ebenso weiten Grenzen variiert, s. Tab. 8.

Wichtig für weitere Anwendungsgebiete ist eine Vitrokeramik, die WILDER [11] für das Löten von Al-Legierungen entwickelt hat. Al besitzt $\alpha \approx 230 \cdot 10^{-7}$ K^{-1} und schmilzt bei 650 °C. Er arbeitete im System $Na_2O-BaO-P_2O_5$.

Tabelle 8 Kristallisierende PbO-haltige Gläser für Lot- und Einschmelzverbindungen [1]

Position	Dimension	VK 1	VK 2	VK 3	VK 4
PbO	%	5	75–77,5	29,9	14
ZnO	%	59–61	10–11	11,0	13,1
B_2O_3	%	17–19	7,5– 9	–	–
SiO_2	%	–	2– 2,5	47,8	59,2
Al_2O_3	%	–	0,5– 2,5	–	–
BaO	%	–	0– 2	–	–
Na_2O	%	–	0– 0,3	–	–
K_2O	%	–	–	1,6	2
Li_2O	%	–	0– 0,2	7,3	9,0
CdO	%	–	0– 2,5	–	–
Fe_2O_3	%	–	0– 2,5	–	–
TiO_2	%	14–16	–	–	–
CuO	%	2– 3	–	–	–
P_2O_5	%	–	–	2,4	2,7
α	10^{-7} K^{-1}	35– 50	80–105	127	145
$T_{Erw.}$	°C	600–700	370–380		
$T_{Krist.}$	°C	675–750		440 u. 700	500 u. 725
$\varepsilon_{10kHz-1GHz}$					5,8–5,9
$\tan \delta_{10kHz-1GHz}$	10^{-4}				5,3–8,5

Tabelle 9 Kristallisierende Phosphatgläser für die Verlötung von Aluminiumlegierungen [11]

Position	Dimension	VK 1	VK 2
Na_2O	Mol-%	40	40
BaO	Mol-%	10	10
Al_2O_3	Mol-%	–	3
P_2O_5	Mol-%	50	47
α	10^{-7} K^{-1}	225	211
K_1	h; °C	1; 330	2; 400
K_2	h; °C	2; 360	12; 450
K_3	h; °C	12; 390	–

Als Kristallphasen wurden $NaPO_3$, $(NaPO_3)_3$, $NaBa(PO_3)_3$ und $Ba_3(PO_4)_2$ gefunden. In Abhängigkeit von der konkreten Zusammensetzung lagen die Glastransformationstemperaturen unter 400 °C, so daß das Löten auf jeden Fall unter 650 °C erfolgt. Tabelle 9 zeigt die Zusammensetzung zweier Lotgläser, ihr Kristallisationsprogramm und die thermischen Dehnungen.

5. Vitrokeramiken mit speziellen elektrischen Eigenschaften

Es interessieren besonders

- Vitrokeramikferroelektrika
- Vitrokeramikferromagnetika
- Vitrokeramikhalbleiter

Aus heutiger Sicht ist einzuschätzen, daß auch diese Vitrokeramiken ihre Bedeutung erhalten werden. Entsprechend dem Entwicklungsstand wird aber der Einsatzvorrang den in erster Linie elektrisch isolierenden Vitrokeramiken gehören. Deshalb wird auch dieser Teil der Darlegungen wesentlich kürzer gefaßt.

Während es bei den bisher vorgestellten Vitrokeramiken üblich war, daß die interessierenden Parameter im Vergleich zu Glas oder Keramik überboten wurden, ist es bei den Vitrokeramikferroelektrika und -magnetika bisher nicht gelungen, bezüglich ε oder μ höhere Werte als bei der Keramik zu erzielen. Der Weg dorthin wird auch aufgrund der bisher stets vorhandenen Restglasphase nicht einfach sein. Wenn trotzdem Ferroelektrika, Ferromagnetika und Halbleiter auf Vitrokeramikbasis ihre Zukunft haben werden, hat das zwei Gründe:

- Einmal bieten Vitrokeramiken die Möglichkeit für eine breitere Eigenschaftskombination im gewünschten Sinne als Keramiken, z. B. relativ hohe Werte von ε und μ bei gleichzeitig erhöhtem spezifischem elektrischem Widerstand oder gezielt beeinflußter thermischer Dehnung.
  Zum anderen könnten bei Beherrschung der Technologie entsprechende Vitrokeramikerzeugnisse mit extremer Geometrie hergestellt werden.

5.1. Vitrokeramikferroelektrika

Bei der Herstellung solcher Vitrokeramiken besteht das Problem darin, im ersten Schritt ein Glas zu erhalten, das dann zu kristallisieren ist. Die oxidischen Bestandteile der Ferroelektrika haben unter gewöhnlichen Bedingungen keine glasbildenden Eigenschaften. Deshalb müssen aus heutiger Sicht für die Erzielung des amorphen Zustands dem Gemenge Netzwerkbildner zugesetzt werden, die dann als dielektrische Restglasphase mit niedrigem ε nach dem Kristallisationsprozeß vorliegen. Es ist jedoch bekannt, daß schon geringe Anteile an solchen Phasen die ferroelektrischen Eigenschaften erheblich beeinflussen. Die Restglasphase ist also zu minimieren.

Technisch relevante Wege dazu bestehen

- in einer extremen Erhöhung der Abkühlgeschwindigkeit

- bei gleichzeitig geringvolumigen, folienartigen Erzeugnissen und
- in der Beeinflussung der Kristallisation bereits im Prozeß der Formgebung.

Analog den Keramikwerkstoffen sind als Ferroelektrika solche Vitrokeramiken interessant, in denen $BaTiO_3$, $NaNbO_3$, $Pb(NbO_3)_2$, $PbTiO_3$, $BaZrO_3$, $PbZrO_3$ oder $CdZrO_3$ kristallisieren.

Herczog [12] hat sich schon 1967 ausführlich mit der Kristallisation von Gläsern im System $BaO-Al_2O_3-SiO_2-TiO_2$ beschäftigt. Neben der gewünschten ferroelektrischen $BaTiO_3$-Phase kristallisiert in diesen Systemen bei 2-stufiger Temperung auch Celsian. Herczog hat herausgefunden, daß sich - analog der Keramik - die Korngröße der Kristalle entscheidend auf ε auswirkt. Bei 1 μm Kristallgröße erreicht ε je nach dem Anteil an Kristallphase den maximalen Wert. Die Korngröße kann durch die Viskosität während der Kristallisation beeinflußt werden. Je niedriger η ist, um so größer werden die $BaTiO_3$-Kristalle. Durch Zugabe von F^--Anionen kann man so die Kristallgröße zwischen 0,1 ... 1 μm beeinflussen.

Abbildung 10 zeigt den Einfluß des Gehaltes an ausgeschiedener Kristallphase und ihres Korndurchmessers auf ε und tan δ in Abhängigkeit von der

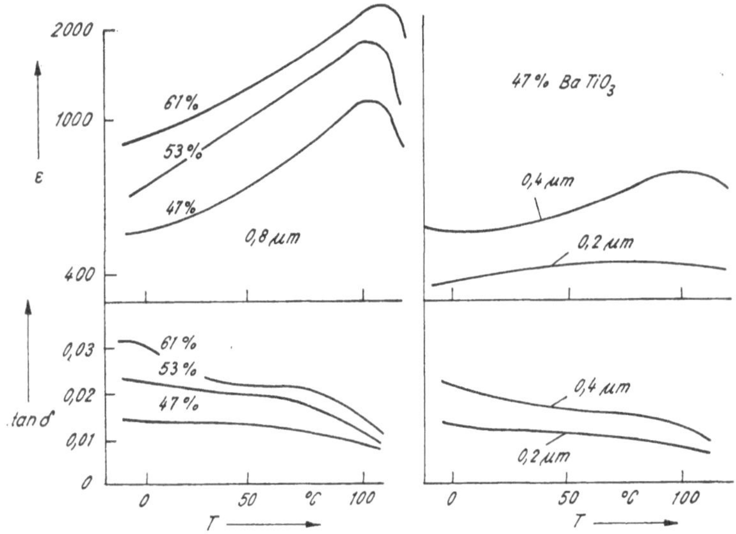

Abb. 10 Einfluß des Gehaltes an $BaTiO_3$, des Kristalldurchmessers und der Temperatur auf ε und tan δ im System $BaO-Al_2O_3-SiO_2-TiO_2$ [12]

Temperatur. tan δ liegt in der üblichen Größenordnung, während ε doch erheblich unter den für $BaTiO_3$-Keramik erreichbaren Werten liegt. Bedeutend verbessert hat sich jedoch die Durchschlagfestigkeit, was auf die isolierende Wirkung des Celsians und der Restglasphase zurückzuführen ist. Tabelle 10 gibt eine Übersicht über die Eigenschaften.

Tabelle 10 Vergleich der Eigenschaften von Vitrokeramik- und Keramikferroelektrika auf Basis $BaTiO_3$ [12]

Position	Dimension	Vitrokeramik			Keramik	
mittl. ∅	µm	0,8	0,4	0,2	10	1
$BaTiO_3$	Vol.-%	61	53	47	95	95...99
$\varepsilon_{25;\,1kHz}$		1200	650	400	1700	3300
$\tan \delta_{25;1kHz}$	10^{-3}	25	18	11	25	10
Durchschlag-festigkeit	$kV \cdot mm^{-1}$	24	40	60	10	
ϱ	Ω cm	10^{12}	$3 \cdot 10^{12}$	10^{13}	10^{11}	

HERCZOG nennt folgende Vorteile für die Anwendung des Materials für Kondensatoren, insbesondere für Schichtkondensatoren:

- Beeinflußbarkeit von ε und $\tan \delta$ über die Korngröße und damit die chemische Zusammensetzung
- hohe dielektrische Festigkeit, mechanische und chemische Stabilität aufgrund der porenfreien Struktur.
- Die Formgebung nach der Glastechnologie erlaubt die Herstellung von 20 bis 40 µm dünnen Folien.
- Da die Kristallisationstemperatur 1000 °C nicht übersteigt, ist die Verwendung von Metallelektroden möglich, die nicht zur Pt-Gruppe gehören.

Darüber hinaus ist es durch Anwendung der katalysierten Kristallisation möglich, Vitrokeramiken herzustellen, deren ε-Werte in bestimmten Grenzen nahezu temperaturunabhängig sind. Man nutzt hierfür aus, daß $BaTiO_3$ einen positiven und Rutil einen negativen Temperaturkoeffizienten von ε besitzt, so daß sich die Wirkungen je nach der Menge der Kristallphasen mehr oder weniger stark kompensieren können.

PAWLUSCHKIN [1] gibt einige Details zur Herstellung von Vitrokeramikferroelektrika auf Basis $BaTiO_3$ an. Außer den notwendigen Komponenten BaO und TiO_2 sind stets Al_2O_3, SiO_2 und F^- vorhanden. BaO liegt überstöchiometrisch vor, damit sich keine unerwünschten Titanate ausscheiden. Das Gemenge wird 1 bis 8 Std. bei 1400 °C oxidierend oder neutral geschmolzen. Die Viskosität ist sehr niedrig und beträgt nur 10^{-1} Pa · s. Während der Formgebung muß schnell gekühlt werden, so daß als Formgebungsverfahren für Erzeugnisse geringer Dicke nur Walzen, Gießen und Pressen in Frage kommen. Für dickere Erzeugnisse muß man die Sinterglastechnologie anwenden. Die Kristallisation erfolgt zwischen 900 und 1000 °C bei 2 bis 3 Std. Haltedauer. Die ε-Werte bewegen sich zwischen $\varepsilon = 250$ bis 1400; $\tan \delta$ beträgt 15 bis $32 \cdot 10^{-3}$.

In Vitrokeramiken auf Niobatbasis liegt neben der entsprechenden ferroelektrischen Phase noch Cristobalit vor. Die Kristallgröße wird durch den SiO_2-Gehalt gesteuert. Im Gegensatz zu dem vorher genannten Titanatsystem sind auch sehr kleine Niobatkristalle noch ferroelektrisch, so daß es möglich ist, transparente Ferroelektrika herzustellen. Abbildung 11 zeigt den Zusammenhang zwischen SiO_2-Gehalt, Größe der $NaNbO_3$-Kristalle und relativer Transparenz bei $\lambda = 500$ nm, bezogen auf das Ausgangsglas. Zu beachten ist, daß bei geringeren SiO_2-Gehalten für die Kristallisation geringere Temperaturen einzuhalten sind. Es ist zu erwarten, daß Niobatvitrokeramiken als optoelektronische Bauelemente Anwendung finden können, da die Polarisationsebene des Lichtes durch die Anwendung elektrischer Felder gedreht wird.

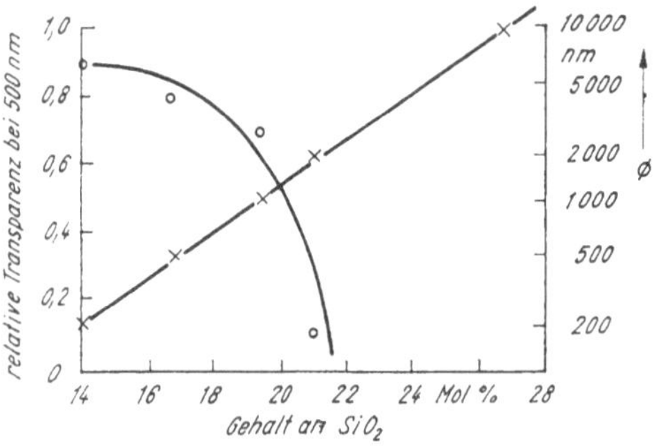

Abb. 11 Einfluß des SiO_2-Gehaltes auf die Transparenz und Kristallgröße von ferroelektrischer Niobatvitrokeramik [12]

5.2. *Vitrokeramikferromagnetika*

Bezüglich der erreichbaren Permeabilitäten gelten dieselben Einschränkungen wie für Ferroelektrika. Die für die Kristallisation erforderlichen Oxide bilden ohne besondere Maßnahmen kein Glas. Nur bei Anwendung extremer Abkühlgeschwindigkeiten können Gläser mit mehr als 50% Fe_2O_3 erhalten werden. Unter normalen Bedingungen werden nur etwa 20% Fe_2O_3 in das Glasnetzwerk eingebaut. Außerdem kommt hinzu, daß in Zusammensetzungen, die ein günstiges Kristallisationsverhalten – d.h. ein technisch beherrschbares – zeigen, die Schmelztemperatur sehr hoch ist und man demnach nicht das für Ferrite erforderliche Verhältnis Fe^{2+}/Fe^{3+} erhält.

Der zu hohe Anteil an Fe^{2+}, d.h. der Sauerstoffmangel im Ausgangsglas, verursacht gleichzeitig geringe elektrische Widerstände zwischen den Ferritkristallen. Um zu brauchbaren Widerstandswerten zu gelangen, setzt man auch aus diesem Grund Netzwerkbildner zu. Im Ergebnis dessen verschlechtern sich automatisch die magnetischen Eigenschaften.

Auf dem Gebiet der Vitrokeramikferromagnetika bestehen demnach noch viele offene Probleme bezüglich der Werkstoffzusammensetzung und der Technologie. Kreidl [13] berichtete, daß im Zusammenhang mit dem Spacelab Überlegungen angestellt wurden, eine $FeBO_3$-Vitrokeramik – d.h. das Ausgangsglas dazu – in der Schwerelosigkeit tiegellos zu schmelzen. Durch das Fehlen von Katalysatoren und beeinflussenden Feldern hoffte er, ohne zusätzliche Netzwerkbildner ein entsprechendes Glas als ersten Schritt zum Vitrokeramikferrit zu erschmelzen. Wie der Anteil an Fe^{2+} verringert werden kann, läßt Kreidl jedoch als Fragestellung ebenfalls offen.

5.3. Vitrokeramikhalbleiter

Ebenso, wie in Gläsern und in kristallinen Phasen polyvalente Elemente zur Elektronen- oder Loch- und damit zur Halbleitung führen, tritt derselbe Effekt natürlich in Vitrokeramiken auf.

Halbleitende Gläser, dazu gehören u.a. Chalkogenidgläser, Borat- und Phosphatgläser, besitzen zwar eine hohe Leitfähigkeit, haben aber eine geringe Erweichungstemperatur und eine geringe thermische und chemische Beständigkeit. Um einige Verbesserungen zu erreichen, wurden schwerschmelzbare Übergangselemente, wie Mo, W, V und Nb, eingesetzt.

Eine weitere Verbesserung der Eigenschaften kann man erreichen, wenn man die Gläser kristallisiert. Aus der großen Anzahl der dazu vorliegenden Ergebnisse seien folgende kurz erläutert.

Egea und Navarro [14] untersuchten das System $V_2O_5-As_2O_3$ mit Zusätzen von BaO, CaO oder PbO. Die Kristallisation fand zwischen 500 bis 700°C statt und führte stets zu einer Erhöhung der Leitfähigkeit um etwa 5 Zehnerpotenzen, s. Tab. 11. Dabei wirkte sich eine Kristallisation in N_2- oder H_2-Atmosphäre positiv auf den gewünschten Effekt aus.

Tabelle 11 Spezifische Leitfähigkeit von Vanadat-Arsenat-Vitrokeramik [14]

Position	Dimension	VK 1	VK 2
V_2O_5	Mol-%	88,64	79,85
As_2O_3	Mol-%	11,36	8,95
CaO	Mol-%	–	11,20
$\varkappa_{Glas}$	$\Omega^{-1}\,cm^{-1}$	$10^{-5,62}$	$10^{-6,02}$
$\varkappa_{VK}$; 550; O_2	$\Omega^{-1}\,cm^{-1}$	$10^{-3,0}$	$10^{-3,02}$
$\varkappa_{VK}$ 550; N_2-H_2	$\Omega^{-1}\,cm^{-1}$	$10^{0,79}$	$10^{0,85}$

Yoshida und Matsuno [15] fanden in dem von ihnen gewählten System $Nb_2O_5-V_2O_5-P_2O_5$, daß die Leitfähigkeit durch die Kristallisation durchschnittlich um 2 Zehnerpotenzen ansteigt. Zwei Beispiele dafür zeigt Abbildung 12.

Den bisher vorgestellten Vitrokeramiken auf der Basis von V_2O_5, As_2O_3 oder auch Nb_2O_5 haftet allen der Nachteil an, daß sie sehr teure Rohstoffe benötigen. Auf billige Rohstoffe wird jedoch orientiert, wenn es um leitfähige Pasten für die Siebdrucktechnik geht. Es sollen billige nichtmetallische Systeme mit möglichst metallähnlicher Leitfähigkeit entwickelt werden.

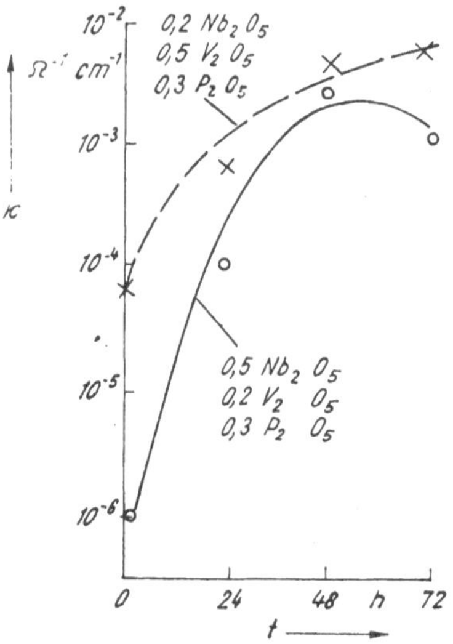

Abb. 12 Spezifische Leitfähigkeit halbleitender Vitrokeramik in Abhängigkeit von der Temperzeit [15]

Einen Schritt in dieser Richtung stellt die Anwendung reduzierender Schmelzbedingungen in dem bestens bekannten System $CaO/SrO-Al_2O_3-SiO_2-TiO_2$ dar, so daß ein erheblicher Anteil an Ti^{3+} entsteht. Es zeigte sich, daß die Verringerung des Widerstandes der Stoffe im Ergebnis der Kristallisation ein Resultat der Änderung der Zusammensetzung der Restglasphase ist. Die Art und Menge der Erdalkalien wirken sich auf die Reduktion des Ti aus. Die halbleitenden Vitrokeramiken haben gleichzeitig verbesserte thermomechanische Eigenschaften. Es konnten $\varkappa$-Werte von $5 \cdot 10^{-2}\,\Omega^{-1}\text{cm}^{-1}$ erreicht werden.

Interessant sind noch Einsatzgebiete von Vitrokeramik
- für die Kerntechnik
- für Hochtemperaturbereiche
- für die Röntgentechnik
- in der Kosmos- und Raketentechnik
- für die Deponie von Atommüll.

Bereits heute ist abzusehen, daß es Vitrokeramiktypen sowohl als Massen- als auch als Spezialwerkstoff geben wird.

Man wird mit Vitrokeramik nicht einen universell besseren Werkstoff im Vergleich zu Glas und Keramik besitzen. So etwas gibt es nicht. Es zeichnen sich aber bereits jetzt viele Einsatzgebiete ab, wo Vitrokeramik – sei es durch die Eigenschaften oder durch die Technologie – überlegen ist.

6. Literatur

[1] N. M. Pawluschkin: Grundlagen der Vitrokeramiktechnologie, Strojisdat, Moskau, 1979.

[2] W. Hinz; J. Wiegmann: Vitrokerame – Keramovitrone, Sitzungsbericht der AdW der DDR, 4 N, Akademie-Verlag, Berlin 1979.

[3] Hülsenberg u.a.: Verfahren zur Herstellung glasierter Vitrokeramerzeugnisse, WP C 03 B/218 462 vom 15. 1. 1980.

[4] R. Grauling; H. Hirst; D. Reif: Glaskeramik sucht Konstrukteursideen, Technische Gemeinschaft **28** (1980) 8, S. 21–22.

[5] Katalog: Glass in electronics ... limited only by imagination, Corning Glass Works 1978.

[6] W. N. Zuewa: Einfluß geringer Zuschläge von Übergangselementen auf den Kristallisationsvorgang von Gläsern im System $MgO-Al_2O_3-TiO_2-SiO_2$, Dissertation Moskauer Chemisch-Technologisches Institut „Mendelejew" 1969.

[7] G. Partridge; S. V. Phillips: New developments in Glass and ceramics, GEC-Journal of Science & Technologie **45** (1978) S. 11–20.

[8] J. Broukal: Glaskeramiken für integrierte Hybridschaltungen in der Mikroelektronik, Vortrag XI Internationaler Glaskongreß, Prag, 1977.

[9] R. R. Wusirika; C. K. Chyung: Oxynitride glasses and glassceramics, Vortrag XII. Internationaler Glaskongreß, Albuquerque, 1980.

[10] M. Ishiyama u.a.: Bei niedrigen Temperaturen schmelzende Gläser zum vakuumdichten Verschließen von Halbleiterschaltkreisen, Arbeitsübersetzung 1975, VEB Elektroglas Ilmenau.

[11] J. A. Wilder, Jr.: Glasses and glass ceramics for sealing to aluminium alloys, Vortrag XII. Internationaler Glaskongreß, Albuquerque, 1980.

[12] A. Herczog: Ferroelectrics and ferrites crystallised from glass, Glass Ind. **48** (1967) S. 445–450.

[13] N. J. Kreidl: Glas im Weltraum, Vortrag 1. Internationales Otto-Schott-Kolloquium, Jena, 1978.

[14] J. R. Jurado Egea; J. Ma. Fernandez Navarro: Semiconducting vitro-crystalline products obtained from vanadate-arsenate glasses, Vortrag XI. Internationaler Glaskongreß, Prag, 1977.

[15] T. Yoshida; Y. Matsuno: The electronic conduction of glass and glass ceramics containing various transition metall oxides, Vortrag XII. Internationaler Glaskongreß, Albuquerque, 1980.

FSC
www.fsc.org
MIX
Papier | Fördert
gute Waldnutzung
FSC® C083411

Kolibri 360 GmbH
Ferdinand-Jühlke-Straße 7
99095 Erfurt, Deutschland
produktsicherheit@kolibri360.de

FSC
www.fsc.org
MIX
Papier | Fördert gute Waldnutzung
FSC® C083411

Kolibri 360 GmbH
Ferdinand-Jühlke-Straße 7
99095 Erfurt, Deutschland
produktsicherheit@kolibri360.de